図解 未来を考える みんなのエネルギー

❶身近なエネルギーをさがしてみよう

東北大学教授　明日香壽川●監修　　　小泉光久●編著

汐文社

❶身近なエネルギーをさがしてみよう

はじめに

∙∙

明かりやテレビ、冷蔵庫、洗たく機、車など、わたしたちはくらしのあらゆる場面でエネルギーを使っています。農業や工業、商業といった産業においてもエネルギーは欠かせません。

エネルギーとは、ものを動かす力や仕事をする力のことで、具体的には電気や熱、輸送用燃料などがあります。おかげで便利で楽しくくらすことができるのです。

いっぽうで、エネルギーをつくりだすためには、地球の貴重な資源の石炭や石油、天然ガスなどをたくさん使います。同時に、エネルギーをつくったり使ったりするときには、排出ガスが発生して、人体や地球環境に大きな影響をおよぼします。

エネルギーをくらしのなかで生かすために、シリーズ全3巻の第1巻目のこの本では、①どんな種類のエネルギーがどんな場所で使われ、②どのくらいの量が使用されているかを紹介しています。

あわせて、③エネルギーを使うことによっておきる地球温暖化や、資源におよぼす問題についてと、④省エネや環境、資源を守る取り組みについてもみていきます。

なお、このシリーズでは、ＳＤＧｓ（持続可能な開発）の17の目標のうち、エネルギーとかかわる「目標7、9、11、12、13」の情報が掲載されています。

SDGs

ＳＤＧｓは、Sustainable（持続可能）Development（開発）Goals（目標）の略語で、持続可能でよりよい世界をめざす国際目標です。2015年9月の国際連合（国連）サミットで採択されました。目標は17あって、2016年から2030年の15年間で達成する計画になっています。

表紙写真提供／ＡＮＡ（飛行機）、パナソニック株式会社（電気製品）、トヨタ自動車株式会社（車）、東芝未来科学館（電気ストーブ）、四国電力ホームページ（風力発電所「三崎ウインドパーク」）、ＥＮＥＯＳ喜入基地株式会社（石油備蓄基地）、九州電力（地熱発電所）、目次写真提供／ＪＲ東海

もくじ

家庭では、電気や熱を利用したたくさんの製品が使われています。自分の家のなかでどのくらい使われているか調べてみましょう。

右の図は、家の中で使われている製品や器具に利用されているエネルギーの例です。
- 電気（明かりや電気製品）
- 熱（ガスコンロやふろ）
- 輸送用燃料

ランプ

パソコン

ロボットそうじ機

テレビ

ガス台

ランプ

車

いろんなエネルギーが くらしで使われている

　家庭では、くらしを便利に楽しくするため、エネルギー*である「電気」や「熱」、「輸送用燃料」を使った製品がたくさん使われています。

　エネルギーを利用した製品には、電気を使う明かりや洗たく機、そうじ機、テレビ、パソコン、熱を利用するガスコンロやふろ、ストーブ、輸送用燃料を利用する車などがあります。

　それぞれの製品に利用されているエネルギーを調べることで、くらしとエネルギーの関係を考えてみましょう。　*エネルギー：次ページ参照。

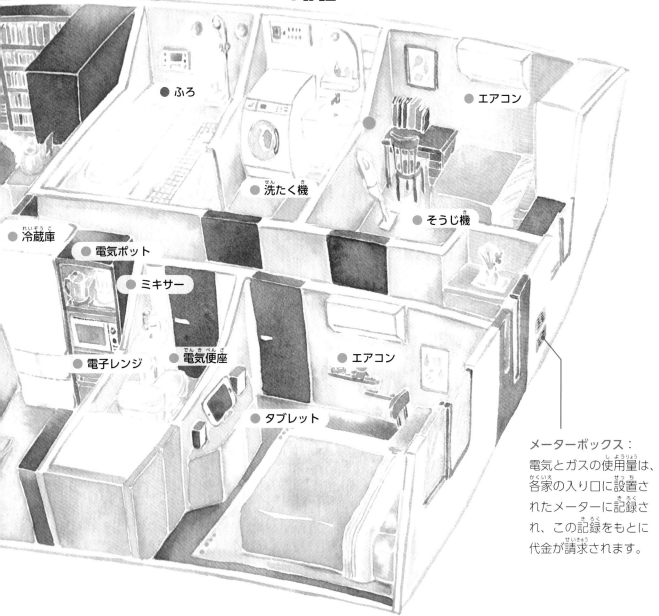

● 配電盤

● ふろ

● エアコン

● 洗たく機

● そうじ機

● 冷蔵庫

● 電気ポット

● ミキサー

● 電子レンジ

● 電気便座

● エアコン

● タブレット

メーターボックス：
電気とガスの使用量は、各家の入り口に設置されたメーターに記録され、この記録をもとに代金が請求されます。

エネルギーは動かす力

エネルギーは、人間の体や電気製品、機械を「動かす力」のことです。電気製品や機械を動かす力（エネルギー）には、「電気」、「熱」、「輸送用燃料」の三つがあります。この三つのエネルギーは、石炭、石油、天然ガス、原子力、自然の力などでつくられます。

電気

モーターを回したり、明かりを光らせたりします。

熱

物をあたためるはたらきをします。

輸送用燃料

自動車や電車を動かします。

明かりを灯す照明器具と省エネ

省エネ:省エネルギーの略語で、エネルギーの消費量を節約し、石油や石炭など、かぎりがある資源を確保する取り組み。

照明器具は、玄関やリビング、トイレ、洗面所など、家のなかのほとんどの場所で明かりを灯しています。このように照明器具の利用がふえることで、発光に使われる電気がたくさん消費されるようになりました。

照明器具には、長らく白熱電球が使われていました。しかし、消費電力の少ない省エネ型の蛍光灯やLED電球が登場し、近年では、LED電球が主力となっています（下記参照）。

ここでは、明かりと生活のかかわりを、エネルギーの歴史などをみながら紹介します。

*消費電力:次ページ参照。

フィラメント

口金（●）はソケットによって大きさがことなります

白熱電球(左):電気がフィラメント（写真円内）を通ることで光ります。

蛍光灯(中):蛍光管（➡）が電気を流すことによって発光し、消費電力がおさえられます。

LED電球(右):LEDとは発光ダイオード*のことで、電気を流すと発光ダイオードが光ります。LEDは、消費電力が少ないうえに、電球が熱くならないという特ちょうがあります。

*発光ダイオード:P.47の用語解説で説明。

家で使われているいろいろな明かり

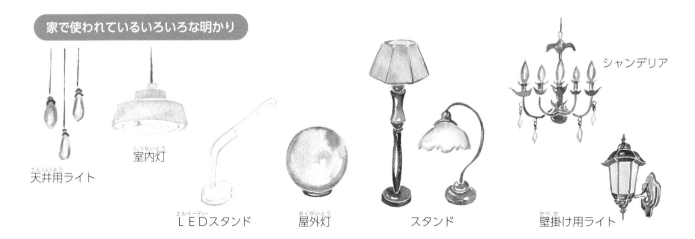

天井用ライト

室内灯

LEDスタンド

屋外灯

スタンド

シャンデリア

壁掛け用ライト

明かりに使われた エネルギーの歴史

人間は、明かりを灯すためにいろいろなエネルギーを使い、それにともなって道具や製品を開発してきました。

古代	現代

自然光 ➡ 火力 ➡ 石油 ➡ ガス ➡ 電気

太陽・月 ➡ 木 ➡ ろうそく ➡ 魚油・えごま油 ➡ なたね油

たいまつ

[大昔から使用]

「源氏五十四帖」にえがかれている魚油を燃やしたかがり火
[平安時代・794〜1192年]

画像／国立国会図書館

「源氏物語絵巻」に出てくるえごま油を使った灯台（◀）
[平安時代・794〜1192年]

画像／国立国会図書館

ろうそくを使ったちょうちん（上）となたね油を使ったあんどん（下）
[江戸時代・1603〜1868年]

日本初の電球
写真提供／
東芝未来科学館

石油を使ったランプ（上）とガスを使ったガス灯（下）
[明治時代・1868〜1912年]

電気製品の表示を調べてみよう

電球などの電気製品には、消費者が製品を正しく使えるような表示がされています（右図参照）。各項目には、製品の使用基準や限度などの決まりの意味で、「定格」が記されています。各項目の意味と単位は、次のとおりです。

ＰＳＥマーク：電気用品安全法をクリアした製品の印。
電圧：電気を流す力。単位：Ｖ。
消費電力：電気製品を動かすために必要な電気。単位：Ｗ。
周波数：電気が交流の向きを１秒間に変える回数。単位：Ｈｚ。

品 名　ミルつきミキサー
種 類　ミキサー
型 名　BM-RT08
定格容量　750mL
使用上の注意　本体側面に記載

100V　225W　50/60Hz
定格時間
ミキサー　連続
（4分間運転2分間停止繰り返し使用）
ミル　3分
（1分間運転2分間停止繰り返し使用、3回まで）
製造会社名　●●会社

第3者認証マーク

made in Japan

ＰＳＥマーク

製作会社名：●●会社
定格電圧：100 V
定格消費電力：225W
定格周波数：50/60Hz

このほかに機種名や型番、製造番号などが表示。

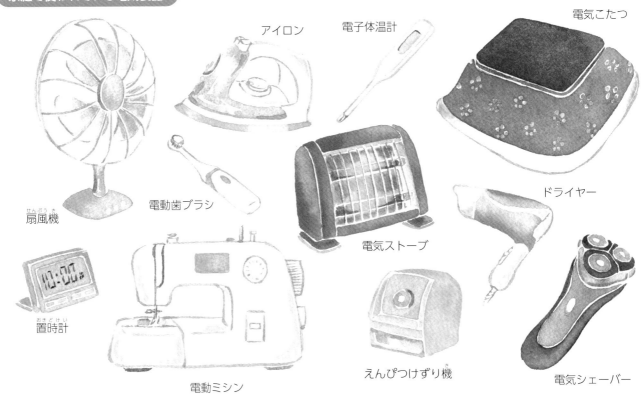

アイロン
電子体温計
電気こたつ
電動歯ブラシ
扇風機
電気ストーブ
ドライヤー
置時計
えんぴつけずり機
電気シェーバー
電動ミシン

電化でゆとりが生まれ、すごしやすくなった

電化：電気を使った製品を使ってくらしが便利になること。

電気洗たく機や電気冷蔵庫、テレビなどの電気製品が、日本の家に置かれるようになったのは、日本の経済が成長した1955（昭和30）年ごろからです。経済成長でくらしが豊かになり、電気製品に手が届くようになって電化がすすみました。

その後、いろいろな種類の電気製品と、ガス・石油製品がつぎからつぎへとつくられるようになりました。生活は便利で心地よいものと変わっていき、とくに、家事の負担が軽くなりました。

いっぽうで電気製品や石油製品などの使用によって、電気とガス、石油の消費量がふえ、省エネや資源リサイクル*への取り組みが行われるようになりました。

また、ガスや石油を使うことで発生する二酸化炭素*は、地球温暖化*の原因になり、環境に影響をおよぼすようになりました。

*資源リサイクル：P.45、二酸化炭素：P.46の用語解説、地球温暖化：P.43参照。

家庭で使われている電気・ガス製品

冷蔵庫：2012（平成24）年までにつくられた冷蔵庫は、消費電力が多く、オゾン層の破壊*の原因となるフロンガスも使われていました。現在では、ノンフロン化、省エネ化がすすんでいます。

★消費電力
電動機：90W
電熱装置：203W

*オゾン層の破壊：P.44の用語解説で説明。

冷蔵庫がない時代は、井戸水で野菜を冷やすなど、食材が悪くならないようなくふうがされていました。

タテ型洗たく機

ドラム型洗たく機

電気洗たく機：洗い、すすぎ、だっ水ができ、かんそうもできるものがあります。洗たく物を上から入れるタテ型と横から入れるドラム型があります。

★消費電力（洗たく時）
タテ型：320W　ドラム型：230W

洗たく機ができるまでは、洗たく板での手洗いだったため、3〜4時間もかかりました。

ごみを容器にとりこむサイクロンそうじ機

自動で動くロボットそうじ機

電気そうじ機：電気の力でごみをすいあげます。2002（平成14）年にはロボットそうじ機が発売され、ヒット商品になりました。

★消費電力
ロボット：約20W（充電時）
サイクロン：約720〜約250W

ほうきやはたきでそうじをする時代が長く続きました。

室外にある給湯器

ふろ：ガスを使った給湯器（□内）でわかしています。屋根に取り付けた装置で、太陽熱を使って水をあたため、ふろ水として使っている家庭もあります。

★給湯時ガス消費量：
約30〜45kW

ふろおけにガス釜を取りつけてわかすタイプも使われています。

★消費電力は写真の製品の表示です。製品によってことなります。

写真提供／パナソニック株式会社

料理には電気とガスが いっぱい使われている

　食事をつくる料理は、欠かすことができない仕事として、日々、時間がとられます。また、おいしくつくるためのくふうも必要となります。

　このように手早く、おいしく料理することが求められ、電気製品の開発とともに新しい調理器具がつくられてきました。

　1930（昭和5）年ごろには、すいはん器やガスコンロがつくられるようになりました。1955（昭和30）年ごろからの経済成長で、電気製品ブームがおき、都市ガスやプロパンガス（LPガスともいい、天然ガスと石油からつくられています）の使用も全国に広まるなかで、つぎつぎと新しい調理器具が生まれました。同時に、電気、ガスの消費量もふえていきました。

電子レンジ：電波の一種のマイクロ波を使って料理をあたためる機械です。
★消費電力：1390W

ミキサー：食材を細かくする機械です。
★消費電力：250W

ジューサー：ジュースがつくれます。
★消費電力：200W

写真提供／パナソニック株式会社

電気（電池）を使った調理器具

ハンドミキサー

デジタル液温計
（電池）

ホットプレート

タイマー
（電池）

フードプロセッサー

はかり
（電池）

トースター：パンを焼くための機械です。
★消費電力：1000W

コンセント

アース線：感電防止のための線です。

レンジフード：中にはけむりを屋外にはき出す換気扇がついています。料理がしやすいようにライトもついています。
★消費電力：110W

電気ポット：お湯をわかす機械です。保温ができるものもあります。
★消費電力：1250W

冷蔵庫：食材を低温で保管する機械です。
★消費電力：230W

グリル：魚焼きなどに使われます。
★ガス消費量：17kW

ガスコンロ：にる、わかす、いためるなどに使われます。
★ガス消費量：7.12kW

すいはん器：お米をたく機械で、保温もできます。製品ができたころは、手動でしたが、1955（昭和30）年にタイマーがセットされて全自動になりました。
★消費電力：700W

ＩＨクッキングヒーター：ガスのかわりに電気を使ったコンロです。
★消費電力：1400W（最大）

写真提供／パナソニック株式会社

日本最初の全自動式電気釜（すいはん器）
写真提供／東芝未来科学館

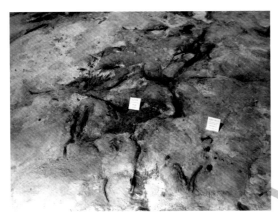

人類が最初に火を使ったのは、旧石器時代*の約50〜100万年前だったといわれています。日本では、宮城県の富沢遺跡で約2万年前のたき火のあとが発掘されています。

*旧石器時代：P.45の用語解説で説明。

宮城県の富沢遺跡のたき火あと。撮影協力／地底の森ミュージアム

縄文時代の料理のようす。

縄文時代*の食べ物。動物の肉、木の実、魚、貝を食べていました。

縄文式土器*（上）と弥生式土器*（下）。

*縄文時代・土器：P.45〜46、弥生式土器：P.47の用語解説で説明。

縄文時代になると、炉（火を燃やして暖をとったり、煮たきしたりするところ）の火を利用して肉や魚を焼き、土器を使って木の実や貝をゆでて食べるようになります。料理は、はじめ屋外で行われていましたが、しだいに竪穴式住居のなかへと移りました。なお、縄文時代の終わりごろには、中国大陸から米が伝わり、炉の火でむして食べるようになりました。

炉

料理に使われた
エネルギーの歴史

人間は、およそ50〜100万年前にすでに火を使っていたといわれています。火は、熱をおこすエネルギーの「火の力＝火力」として、はじめはたき火に使われ、その後、料理に利用されました。

料理に利用する火の燃料は、まきと炭が使われていました。日本では、1900（明治33）年ごろにガスの利用が始まり、現在では、電気も使われています。

料理に使われたエネルギーと、調理する場（炉やかまど、台所）の移りかわりをみていきます。

東京都の伊興遺跡でみられる古墳時代のかまど（●印は煮たきするところ）風景。写真提供／足立区

弥生時代*までは、炉の火を明かりや暖房、料理に使っていました。古墳時代（300〜600年ごろ）の5世紀後半ごろ、朝鮮半島からかまどが伝わり、ガスコンロが使われるようになるまで利用されました。

*弥生時代：P.47の用語解説で説明。

1955（昭和30）年ごろに改築した台所。プロパンガスを使ったコンロがありました。その後、ガスすいはん器や湯わかし器が使われるようになりました。

写真提供／まいばら空き家対策研究会

1900（明治33）年ごろからガスの利用が始まり、しだいにかまどはガスコンロにかわっていきます。ガスコンロが全国に広がったのは1950（昭和25）年ごろからです。現在は、電気によるＩＨ型コンロも使われています。

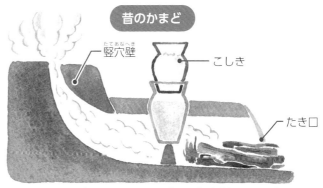

昔のかまど

竪穴壁　こしき　たき口

資料／『生活の中の発明発見物語』（国土社）をもとに作図

「慕帰繪々詞」（1351年、南北朝時代）にえがかれた台所。

提供／国立国会図書館

平安時代（794〜1192年）になると、貴族の家では食事をとる場所と台所が分かれます。その後、庶民の家にも台所ができ、まきで火をおこすかまど（上図）がつくられました。

かま　水道蛇口　ガスコンロ　洗い場

1927（昭和2）年につくられたアパートの台所。当時ではめずらしいガスコンロがみられます。

撮影協力／UR都市機構集合住宅歴史館

13

ICT・AI時代と電気消費

AI：Artificial（人工）Intelligence（知能）の略語で、人間が行ってきたことをコンピュータに任せる技術。

パソコンやスマートフォンなどの情報機器は、インターネットを用いる機能があります。インターネットは、世界中をつなげ、人びととの交流と、情報交換ができる仕組みをつくりました。

現在は、情報機器だけではなく、さまざまな電気製品がインターネットにつながりました。また、AIの活用によって、製品の調整が自動化されました。

情報機器や通信技術を搭載した電気製品は、インターネットとAIの力によって、よりくらしを豊かにしましたが、いっぽうで、電気消費量の増加の原因にもなっています。

＊インターネット：P.44の用語解説で説明。

ICTってなに？

Information（情報）and Communication（通信・伝達）Technology（技術）の略語で、通信技術のインターネットを利用して「人と人」や「人ともの」をつなぎ、情報や知識を分かち合うことです。

ICTは、身近なくらし、産業などさまざまな分野で活用されています。それにともない多くの電気が消費されるようになります。

Information（情報）

テレビ

ラジオ

Communication（通信・伝達）

コンピュータ

スマートフォン

Technology（技術）

ロボット

ＩＣＴ・ＡＩ時代の電気製品

トランジスターラジオ：
電池で動きます。

リモコン

録画装置

1954（昭和29）年のテレビ：画面にはブラウン
管（●）が使われ、真空管*で動きます。

写真提供／真空管工房

*真空管：P.46の用語解説で説明。

テレビ：現在のテレビは、液晶画面*を使うことでうすくなり、大きな画面もつくられています。

★消費電力：65W

*液晶画面：P.44の用語解説で説明。

★消費電力は製品によりことなります。

電子技術の進歩と電池の改良によって持ち歩いて使えるスマートフォンやパソコンなどが広まりました。ＩＣＴ時代の中心的役割をになっています。

スマートフォン（右）
と、スマートフォンを
分解したところ（左）。
電子回路やカメラ、電
池（●）がうめこまれ
ています。電池は充電
して使います。

画面

電源コード

タッチ
ペン

ノートパソコン：軽くて持ち歩くときに便利です。
持ち歩くときは、電源コードを外して、充電した
電池を使うことが可能です。

家庭で使われている通信機能がついた電気製品など

電話機

タブレット

カメラ

オーディオ

15

家庭用エネルギーの変化と省エネ

　下図の「電気製品の主な歩み」のように、1910（明治43）年ごろから電気、ガス、灯油を使った新しい製品が生まれ、家庭で使われるエネルギー消費量がふえました。また、電気製品がふえることで、エネルギーを動かすために使われる資源（エネルギー源といいます）が変化しています。

　エネルギー消費量とエネルギー源となる電気や都市ガスなどの使用がふえることで、省エネの意識が高まりました。現在、各家庭でのエネルギーの節約と、製品の省エネ化がすすんでいます。

家庭部門におけるエネルギー源別消費の推移

1965年度
17,545×10^6 J

- 電気 22.8%
- 都市ガス 14.8%
- LPガス 12.0%
- 灯油 15.1%
- 石炭 35.3%

→ 約2倍 →

2017年度
34,303×10^6 J

- 石炭 0%
- 太陽電池 0.5%
- 灯油 18.0%
- LPガス 10.5%
- 電気 49.5%
- 都市ガス 21.5%

資料／経済産業省「総合エネルギー統計」

　エネルギー源の消費量合計（グラフ円内）は、1965（昭和40）年度と2017（平成29）年度をくらべると約2倍になっています。エネルギー源では、電気製品の利用がすすんだために、石炭が減り、電気がふえています。新しく太陽電池も利用されるようになりました。

消費量合計に使われているJは、エネルギーの単位 joule の略語で、10^6 は100万です。

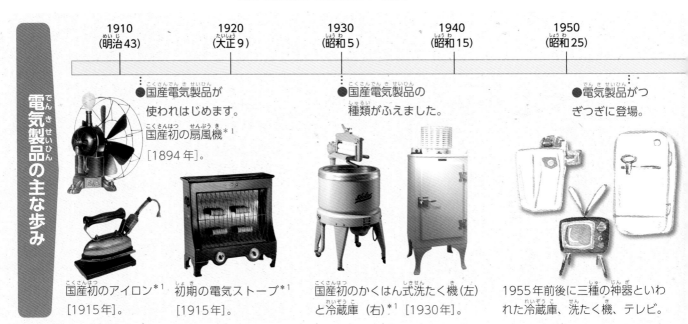

電気製品の主な歩み

1910（明治43）　1920（大正9）　1930（昭和5）　1940（昭和15）　1950（昭和25）

●国産電気製品が使われはじめます。
国産初の扇風機*1[1894年]。
国産初のアイロン*1[1915年]。
初期の電気ストーブ*1[1915年]。

●国産電気製品の種類がふえました。
国産初のかくはん式洗たく機（左）と冷蔵庫（右）*1[1930年]。

●電気製品がつぎつぎに登場。
1955年前後に三種の神器といわれた冷蔵庫、洗たく機、テレビ。

省エネがすすむ電気製品を年間の消費電力量（kWh）で比較

冷蔵庫
電気製品のなかで
もとくに省エネが
すすんでいます。

テレビ
液晶画面の技術の進歩で
省エネがすすんでいます。

2000
（平成12）年
570〜
640kWh
49%
省エネ
→
2017
（平成29）年
290〜
320kWh

2000
（平成13）年
81kWh
34%
省エネ
→
2017
（平成29）年
53kWh

エアコン＊
この17年では5パー
セントの省エネですが、
1995年と比べると約

44パーセントと大はばな省エネになっています。
＊エアコン：P.44用語解説で説明。

電気便座
温水洗浄便座は約80パー
セントの家で使われていま
す。

2000
（平成13）年
865kWh
5%
省エネ
→
2017
（平成29）年
821kWh

2000
（平成12）年
225〜
311kWh
19%
省エネ
→
2017
（平成29）年
135〜
183kWh

注：暖房と冷房の使用期間での消費電力量

資料／経済産業省「こんなに変わった消費電力量」

| 1960 (昭和35) | 1970 (昭和45) | 1980 (昭和55) | 1990 (平成2) | 2000 (平成12) | 2010 (平成22) | 現在 |

●マイクロコン
ピュータの登場。

●省エネと環境への
関心が高まりました。

●1980年代からパソコンが普及し、インターネッ
トの利用も広まってICT・AI時代へ。

世界初のパーソナル
電卓＊2 ［1972年］。

歩きながら音楽がきけ
るウォークマン®＊3
［1979年］。

パーソナルコンピュータ
（パソコン）＊4 ［1979年］。

スマート
フォン

タブレット　　ロボット

画像提供／＊1 東芝未来科学館　＊2 カシオ計算機株式会社　＊3 ソニー株式会社　＊4 NECパーソナルコンピュータ株式会社

2 | 楽しく安全な地域を支えるエネルギー

わたしたちが住む地域には、安全で楽しくくらせるように、信号機や外灯などの設備があり、乗り物が陸と海、空を行き交っています。地域でみかける設備や乗り物に、使われているエネルギーをみていきましょう。

右の図は、町中で使われているエネルギーの例です。
● 輸送用燃料　● 電気　● ガス　● 太陽光

あなたのくらしている地域を歩いて、どんなものにどれくらいエネルギーが使われているか、調べてみましょう。

バス　　タクシー

自動販売機　　駐車場

●● スーパーマーケット・[

● 信号機

● 自動販売機

● 信号機

買い物や通学に利用されるエネルギー

　街角、学びや遊びの場には、信号機や標識、外灯などの設備があって、安全で楽しくくらせるようになっています。また、バスや鉄道などの交通機関、自動車などの乗り物が、買い物や通学で便利に使われています。

　街角などで使われている設備には、電気が利用され、乗り物では輸送用燃料（エネルギーの一つ、P.5参照）が使われています。
　地域で利用されている設備や乗り物に使われている、エネルギーの種類と役割をみていきます。

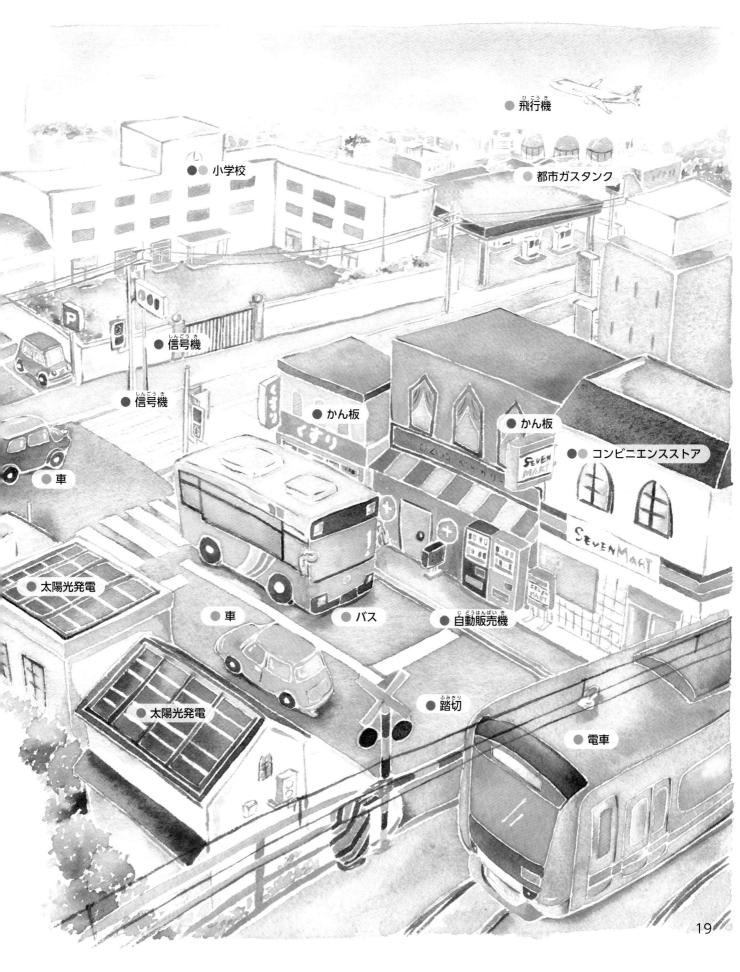

●● 飛行機

●● 小学校

●● 都市ガスタンク

● 信号機

● 信号機

● かん板

●● かん板

●● コンビニエンスストア

● 車

● 太陽光発電

● 車

● バス

● 自動販売機

● 太陽光発電

● 踏切

● 電車

電気が運ばれ 安全・便利なくらしに！

わたしたちの住む地域では、電線を通じて、いたるところに電気（エネルギーの一つ）が運ばれ、信号機や外灯、自動販売機、会社や店のかん板に使われています。

便利で安全なくらしは、電気が地域でたくさん使われることによって保たれています。同時に、電気消費量がふえています。

現在、信号機や外灯に使う電球のＬＥＤ化や、太陽光を使った発電などによる省エネの取り組みがすすんでいます。

配電・通信用装置：この装置から各家、外灯、信号機、自動販売機に電気が送られています。

自動販売機：日本中で約280万台*使われています。温冷の方法をくふうするなどの省エネがすすめられています。

＊2019年・日本自動システム機械工業会調べ

外灯：夜の歩行と車の走行の安全をはかるため公園や道路などに設置され、電球のＬＥＤ化がすすんでいます。

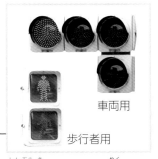

車両用

歩行者用

信号機：日本中に約21万基*設置され、多くの電力を消費しています。電球のＬＥＤ化がすすんでいます。

＊2018（平成30）年度末・警察庁

地中化で電線が見えません

太陽光発電用の太陽電池パネル

アーケードと信号機に太陽光発電による電気が使われています。また、電線が地中化式になっています（東京都の巣鴨駅前）。

電線の架空式と地中化式のしくみ

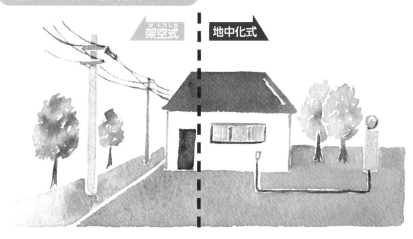

架空式　地中化式

各家には、電線と電話線が電柱から引かれ、電気と電話が利用されています。電線や電話線は、電柱にはられる架空式か、地中にうめこまれたパイプに通す地中化式で利用者と結ばれています。日本では架空式が多くをしめています。なお、使う場所で電気をつくる太陽光発電では、電柱を必要としません。

標識やかん板に使われる電気

電気を使ってかん板を明るくすることで、利用しやすくしています。標識やかん板はほかにもたくさんあります。調べてみましょう。

交通標識

動物病院

理髪店

茶販売店

すし屋

21

人と人、物をつなげる
乗り物のエコ化

エコ化：エコとは、ecology（生態系）の略語です。エコ化という言葉は、おもに生態系（生物と生物が生きる環境）・環境にやさしいという意味で使われています。

町では、人やものを運ぶ電車やバス、火災などに使う消防車、病人を運ぶ救急車など、たくさんの種類の乗り物が走っています。多くの乗り物を動かすために石油やガス、電気といった輸送用燃料（エネルギーの一つ）が、たくさん使われます。

自動車に使う石油は、エンジンを動かすときに燃やすので、けむりを出します。このけむりは排出ガス＊とよばれて、大気汚染や地球温暖化の原因になっています。自動車からの排出ガスをおさえる電気の利用やエコ化がすすみ、太陽光発電を使ったソーラーカーの開発も行われています。

＊排出ガス：P.47の用語解説で説明。

いろいろな乗り物のエネルギー

鉄道：旅客用の鉄道の総距離は約2.8万キロメートル（国土交通省）で、日本全体で使う電気の約2パーセントが電車に使われています。なお、軽油（石油製品の一つ）を利用するディーゼルカーも走っています。

バス：全国で約110万台（国土交通省）が走っています。石油で走り、営業用として使われるエネルギー消費量でみると、航空、鉄道についで3番目になります。

タクシー：全国で約23万台（2019年度・全国ハイヤー・タクシー連合会）あります。多くがLPガス（プロパンガス）を燃料にしています。LPガスは、石油より二酸化炭素の排出量が少ないです。

消防車・パトカー・救急車：人びとのいのちとくらしを守るために、消防車、パトカー、救急車が、全国各地に配備されています。消防車、パトカー、救急車は石油によって走ります。

すすむ乗り物の
エコ化

車もエコ化がすすみ、燃費がよくて環境にやさしいエコカーが開発され、ハイブリッドカーや電気自動車、ソーラーカーが登場しています。なお、燃費とは1リットルの燃料で走ることができるキロ数をいいます。

ハイブリッドカー：石油で動くエンジンと電気で動くモーターの二つの動力源を備えています。この二つの動力源を使い分けることで、これまでのガソリン車よりも燃費がよくなり、二酸化炭素などの排出ガス量をおさえることができるようになりました。

写真提供／トヨタ自動車株式会社

電気自動車：電力でモーターを動かして車を走らせます。Electric Vehicle（電気自動車）、省略して「ＥＶ」とよばれています。電気が動力なので排出ガスがありません。また、燃費がよく、エンジン音や振動が少なく、スムーズに加速してとても静かに走ります。

写真提供／日産自動車株式会社

ソーラーカー：太陽光を使って充電した電気で走るため、二酸化炭素は発生しません。ソーラーカーは、一度の充電で走れる距離をのばすことが課題でした。写真のソーラーカーは、充電できる電気量がふえ、これまでできなかった走りながらの充電も可能になったため、一度の充電で56.3キロメートル走ることができます。現在は、さらに走行距離がのびています。

写真提供／トヨタ自動車株式会社

町中を走る乗り物

電動アシスト自転車

リヤカー付き自転車

オートバイ

トラック

外灯や道路標識、乗り物に使われるエネルギーの移りかわり

わたしたちの町では、これまでみてきたように、電気のエネルギーを使った外灯や道路標識が設置され、輸送用燃料を使った乗り物が利用されています。外灯や道路標識、乗り物は、使われるエネルギーの変化にともなって、新しい設備や機種が生まれてきました。

ここでは、エネルギーの移りかわりをみていきます。なお、乗り物に使われるエネルギーの移りかわりでは、次ページ以降でみていく船や飛行機についても紹介しています。

外灯や道路標識に使われるエネルギーの移りかわりと省エネ

1872（明治5）年に神奈川県の横浜で点灯したガス灯。
画像提供／東京ガス

1882（明治15）年から東京都の銀座で使われた、電気を使ったアーク灯。
画像提供／福岡市博物館／DNP art com

LED電球が使われている道路照明灯。

電球の登場

海外から電気やガスが伝わり、ガス灯やアーク灯が登場しました。1890（明治23）年ごろからアーク灯は白熱電球に変わりました。現在では、LED電球が使われ、省エネ化しています。

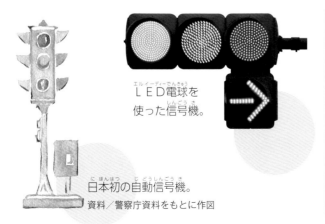

LED電球を使った信号機。

日本初の自動信号機。
資料／警察庁資料をもとに作図

信号機の設置

自動車がふえ、交通整理のために白熱電球を使った信号機が1930（昭和5）年に設置されました。現在では、省エネのためにLED電球も使われ、太陽光発電を使った交通標識もあります。

太陽光発電（●）を使った交通標識。

乗り物に使われるエネルギーの移りかわり

日本での鉄道の開通は、1872（明治5）年で、蒸気機関車が使われていました。その後、1895（明治28）年には、電車による営業運転が開始されました。

エンジンの改良と車体の軽量化で省エネがすすんだ新幹線「N700S」。　写真提供／JR東海

リニアモーターカーは、次世代エネルギーの磁石の力を使って走り、2027（令和9）年の開通をめざしています。

石炭 → 電気

日本で最初に使われた蒸気機関車。1872（明治5）年に神奈川県の横浜と東京都の新橋間で開通した鉄道に使われました。
写真提供／鉄道博物館

写真提供／JR東海

人力 → 石油

人の移動に使われるエネルギー源は、人力や動物の力から石油に変わりました。石油を燃やすことで出る排出ガスは、大気汚染を引きおこしています。

人力車は大正時代までは主要な乗り物でした。
資料／国立国会図書館

1936（昭和11）年につくられた国産初の量産型自動車。　写真提供／トヨタ博物館

1896（明治29）年に開設された欧州（ヨーロッパ）航路の第一船『土佐丸』（左）。　写真提供／日本郵船博物館

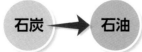

石炭 → 石油

明治時代になって、石炭を燃料とした動力船がつくられました。その後、石炭から石油へと燃料が変わり、最近では、いろいろな燃料の開発が行われています。

第二次世界大戦後につくられた国産プロペラ機 YS-11。

石油

空を飛ぶ飛行機は、石油を使うエンジンが開発されて実現しました。現在は、より速くすすむジェット機が多く飛んでいます。

省エネ化をすすめる船のエネルギー

　日本は、四方を海に囲まれ、たくさんの島があるため、人や荷物の運搬に船が使われてきました。船は、いちどに多くの人や荷物を運ぶことができ、陸上を走る電車や自動車と組み合わせながら、国内の各地と各国を結ぶ役割を果たしてきました。

　船には、原油タンカー、フェリー、観光船、漁船などがあります。タンカーなどの大型船は、エネルギー消費量が大きいです。そのため、下でみるように、省エネへの取り組みとして、燃料の重油（石油製品の一つ）を、水素にかえ、太陽光発電を取りいれるなどの研究が行われています。

すすむ船の省エネ

船型のくふうや軽量化、船底からあわを出すことなどで船体のまさつを減らして、さらに燃料電池による推進装置などの採用で、約70パーセントの省エネが可能になります。また、化石燃料*のかわりに再生可能エネルギー*からつくられた水素を使用することで二酸化炭素の排出ゼロをめざしています。

＊ 化石燃料・再生可能エネルギー：P.45の用語解説で説明。

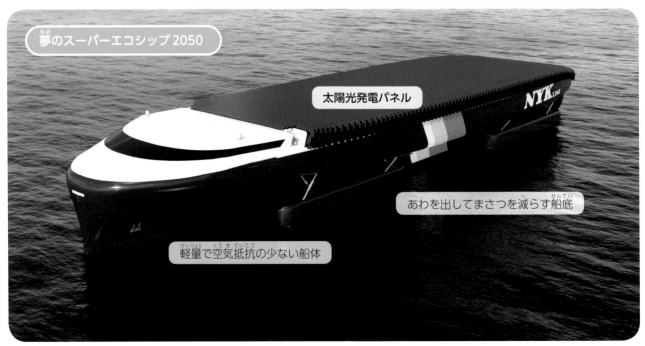

夢のスーパーエコシップ2050

太陽光発電パネル

あわを出してまさつを減らす船底

軽量で空気抵抗の少ない船体

写真提供／日本郵船

島と本州を結ぶカーフェリー

新潟県の佐渡島の両津港と新潟港を結ぶカーフェリー（上）とジェットフォイル（下）。エンジンの改良などで省エネをはかっています。

写真提供／佐渡汽船

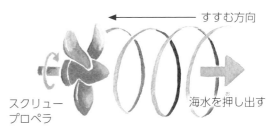

スクリュー
プロペラ

すすむ方向

海水を押し出す

フェリーはエンジンでスクリュープロペラを回し、海水を前から後ろへ押し出してすすみます。

一気にはきだす

船の進行方向

海水をすいあげる

ジェットフォイルは、すいあげた海水をエンジンの力で回転させ、一気にはきだしてすすみます。

資料／『海と船なるほど豆辞典』をもとに作図

いろいろなエネルギーを使って走る船

タンカー：エネルギー源の石油を運びます。タンカーと遊覧船は石油を使って走ります。

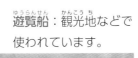

遊覧船：観光地などで使われています。

ソーラー船：太陽光を使って走り、富山県の富岩水上ラインの観光に使われています。

風を使って走る帆船（左：3本以上のマストで走る）とレースやレジャーに使われるヨット（右）。

矢切りの渡し舟：東京都と埼玉県との境にあり、江戸時代の初期から江戸川を渡るのに利用されています。かいをこぐことで走ります。

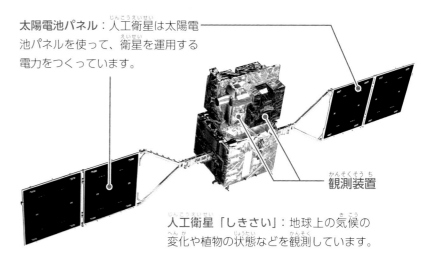

太陽電池パネル：人工衛星は太陽電池パネルを使って、衛星を運用する電力をつくっています。

観測装置

人工衛星「しきさい」：地球上の気候の変化や植物の状態などを観測しています。

風船に空気をぱんぱんに入れ、せんをせずに手をはなすと勢いよく飛びます。これを推力とよびます。ロケットが飛ぶ原理はこれと同じで、燃料を燃やしてできたガスを推力にして飛んでいきます。ロケット燃料には液体と固体があり、液体燃料は液化天然ガス、固体燃料は石油からと、どちらも化石資源でできています。

H-ⅡAロケット37号機。気候変動観測衛星「しきさい」を打ち上げました。
❶人工衛星収納部分、❷第2段液体ロケット、❸第1段液体ロケット、❹第1段固体ロケット、❺エンジン、❻燃焼ガス。

写真提供／JAXA

ロケットや飛行機は
どんなエネルギーで飛ぶ？

　地域を結ぶ乗り物には、陸を走る自動車や電車、海をすすむ船にくわえて、空を飛ぶ飛行機が使われるようになりました。

　さらに、空にはロケットで人工衛星が打ち上げられ、気候観測やテレビの衛星中継、カーナビなどと、身近なところで役立っています。

　ロケットや飛行機は、現在の社会には欠かすことができませんが、いっぽうで、エネルギーの大量消費と排出ガスの問題がおきています。

　ロケットと飛行機のエネルギーの種類と省エネをみていきます。

操縦室

ジェットエンジン

主翼：翼の上下で気圧差ができて揚力が発生します。燃料タンクが入っています。

ＡＮＡが運用している次世代型革新的旅客機「ボーイング787」

写真提供／ＡＮＡ

ジェット機のしくみとエネルギー

ジェット機は、ジェットエンジンで燃料を燃焼させてガスを噴射し、その押し出す力の反力（推力）で飛びます。ジェットエンジンは、原油からつくられたジェット燃料を使っています。

世界中でジェット旅客機が飛ぶ現在、大量の石油資源が使われ、エンジンからは排出ガスが噴射されます。そのため、飛行機を運用する各社は、省エネと環境への取り組みを行っています。

「ボーイング787型機」は、従来型よりも燃料効率を向上させ、排出ガスを減らしています。

空を飛ぶいろいろな乗り物

空を飛ぶ乗り物には、ジェット機以外にも、プロペラ機やヘリコプター、プロパンガスで飛ぶ気球、風の力でうきあがるハンググライダーなどがあります。

プロペラ機：エンジンでプロペラ（●）を回転させ、推力をつくって飛びます。燃料には石油が使われています。

ヘリコプター：メインローター（●）を回転させて飛びます。後ろの小さなプロペラ（●）で機体を安定させています。燃料には石油が使われています。

気球：空気をあたためると軽くなる性質を利用し、気球の中にあたたかい空気を送りこむことで飛びます。燃料はプロパンガスです。

ハンググライダー：風のエネルギーで飛行します。上昇気流をつかまえると、2000～3000メートルの高さまで飛行することができます。

3 産業の発展とエネルギー

人びとが生活で必要とするものをつくって提供することを産業といいます。
それぞれの産業は、エネルギーの進歩によって、発展してきました。
産業とエネルギーのかかわりをみていきます。

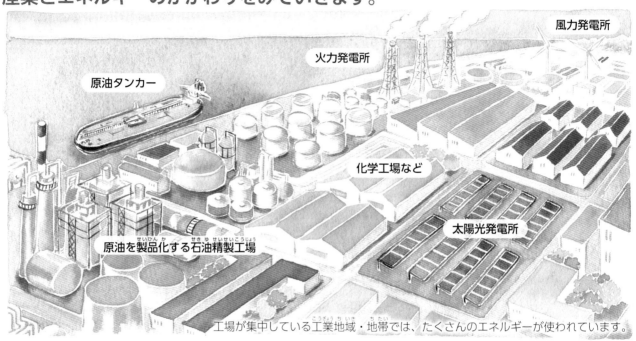

風力発電所

火力発電所

原油タンカー

化学工場など

太陽光発電所

原油を製品化する石油精製工場

工場が集中している工業地域・地帯では、たくさんのエネルギーが使われています。

大量のエネルギーが利用される産業の世界

産業は、家庭や地域で使われている製品や食料、木材などをつくり、売る仕事です。製品をつくる工業では、電気や石油、ガスが大量に使われ、また、食料や木材をつくる農林水産業でも、機械化により、石油の消費量がふえています。

その結果、次ページの図で示すように、日本で使われているエネルギーの46.2パーセントが、産業部門で消費されることになります。

産業部門で使われるエネルギーは、省エネ、資源リサイクル*、環境問題、エネルギー自給率*に大きな影響をおよぼしているといえます。

*資源リサイクル：P.45、エネルギー自給率：P.44の用語解説で説明。

家庭・乗り物・産業で使われているエネルギー

グラフは、エネルギーが使われる部門（場所や業種による分類）ごとの消費量をくらべたものです。

グラフをみると、ものづくりを行う産業部門のエネルギー消費量が多いことがわかります。また、交通機関が発達し、運輸部門も割合が高くなっています。

それぞれの部門で省エネを心がけることがたいせつになっています。

農林水産業や工業、建設などに使われるエネルギー

製品工場

農業用
トラクター

建設現場

人や物の移動用の乗り物に使われる
エネルギー

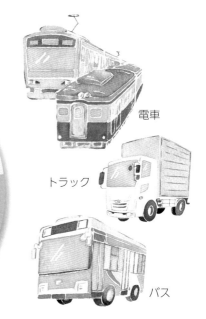

電車

トラック

バス

部門別最終エネルギー割合

資料：総合エネルギー統計／資源エネルギー庁

運輸部門
23.2%

産業部門
46.2%

2017年度
合計消費量
13,382×10^{15} J

家庭部門
14.9%

業務他部門
15.7%

商売やビル、病院、学校、遊び場などで使われるエネルギー

各家庭の電気製品やガス器具などで使われているエネルギー

スーパーマーケット

病院

テレビ

エアコン

遊園地

動物園

洗たく機

ガスコンロ

注：合計消費量に使われている J は、エネルギーの単位 Joule の略語で、P.31とP.33にある 10^{15}は1000兆です。

くらべてみよう ものづくりとエネルギー

工業は、生活や社会活動で使われている製品をつくる産業で、製造業ともいわれています。

製造業で使われるエネルギーは、次ページの図のように、大量に使われています。製造業は、工業地域・地帯に集中していて、ここで大半のエネルギーを消費しています。また、業種（事業）によって、エネルギー消費量、エネルギー源がことなります。

業種別のエネルギー消費量と、使用されるエネルギー源の種類をくらべてみます。

ものづくりが集中する工業地帯

製造業は、地図に示したように工業地域・地帯に集中しています。工業地域・地帯からは、大量なエネルギーを燃焼させることによってけむりが排出され、廃液も川や海に捨てられていました。これによって、大気と海水が汚れ、公害が発生しました。

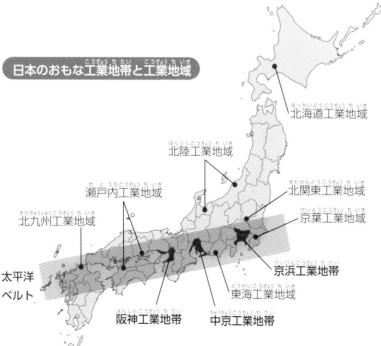

日本のおもな工業地帯と工業地域

北海道工業地域
北陸工業地域
瀬戸内工業地域
北関東工業地域
京葉工業地帯
北九州工業地域
京浜工業地帯
太平洋ベルト
東海工業地域
阪神工業地帯
中京工業地帯

日本には、工業が集中している地域が赤線内（太平洋ベルト）を中心に各地にあり（図以外にもあります）、そのなかでもとくに工業が集中している地域を「工業地帯」とよび、3か所（赤字）あります。

京浜工業地帯。1960（昭和35）年代には、公害が発生し、大気や海、川が汚れ、人体にも被害が出ました。その後、環境対策をすすめて、安心してくらせる地域を取りもどしてきました。

電気製品

自動車

非素材系産業：電気製品、自動車などをつくる業種。

紙・パルプ業：紙製品やパルプ（紙をつくるための原料）をつくる産業。

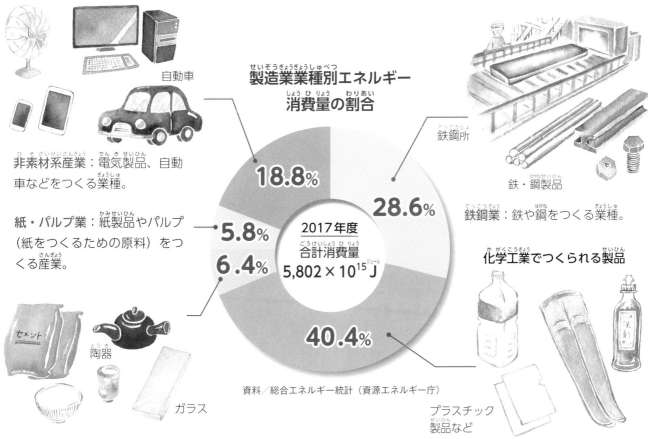

製造業業種別エネルギー消費量の割合

鉄鋼所

鉄・鋼製品

鉄鋼業：鉄や鋼をつくる業種。

化学工業でつくられる製品

区分	割合
18.8%	
28.6%	
2017年度 合計消費量 5,802×10^{15}J	
5.8%	
6.4%	
40.4%	

プラスチック製品など

化学工業：石油などを原料としてプラスチックや繊維、肥料、薬品などをつくる業種。

セメント

陶器

ガラス

窯業・土石業：陶器やセメント、ガラスなどをつくる業種。

資料／総合エネルギー統計（資源エネルギー庁）

製造業エネルギー源消費量の割合

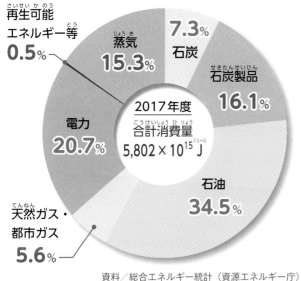

再生可能エネルギー等 0.5%

蒸気 15.3%

石炭 7.3%

石炭製品 16.1%

電力 20.7%

2017年度 合計消費量 5,802×10^{15}J

石油 34.5%

天然ガス・都市ガス 5.6%

資料／総合エネルギー統計（資源エネルギー庁）

エネルギー源は、化石資源の石炭、石炭製品、石油、天然ガスで60パーセント以上をしめています。

石油精製工場。化学工業の中心的な役割をもち、原油を原料として製品をつくる工場です。自動車や飛行機の燃料、家庭で使われる灯油やガスも石油製品です。なお、精製とは、原油を蒸留して、石油製品をつくることです。

江戸時代の1800年ごろにかかれた鍛冶屋の様子。木炭を燃やして鉄を熱し、かなづちでたたく作業などで鉄器をつくっていました。木炭と人力が使われています。　資料／「職人尽絵詞」（国立国会図書館）

岩手県釜石市で1894（明治27）年に使われた高炉。この高炉では。それまで使っていた燃料の木炭をコークスに変え、製鉄が行われました。　写真提供／釜石市

1887（明治20）年にできた日本で最初の化学肥料工場。工場では石炭が使われていました。
資料／「大日本人造肥料株式会社五十年史」

変化するものづくりとエネルギー

　人類は、生活や社会活動で利用されているいろいろなもの（製品）を、道具や機械を使ってつくっています。道具や機械で利用するエネルギーは、自然や人、石炭、石油、ガスが使われてきました。

　日本では、江戸時代まで自然や人の力、木炭をエネルギーとして利用していました。明治時代になって、外国から新しいエネルギーの石炭や石油、ガス、電気が伝わり、同時に機械化もすすんで、ものづくりが大きく変化しました。

蒸気機関が社会を変えた

1700年代のはじめに石炭を燃料とした蒸気機関が発明されると、大きな工場がたくさん建てられ、大量生産が始まります。これは、「産業革命」とよばれ、世界の多くの国の産業のあり方や人々のくらしを変えたできごとです。

日本の産業革命は、1760年代に始まったイギリスなどから100年以上おくれて、1870年代から始まっています。

日本の産業革命は製糸工業から始まった

日本では、明治政府が工業をすすめ、外国からの技術による製糸事業がおきました。1872（明治5）年には群馬県の富岡に製糸工場ができ、日本でも機械工業が始まり、産業革命をむかえます。

機織り機を使って布を織る女性たち。江戸時代後期から、商人などが働き手を自分の作業場（工場）に集めて製品をつくるようになりました。このような人力を中心とした工業を「工場制手工業」といいます。

資料／「尾張名所図会」（愛知県図書館）

絹糸をつくる富岡製糸工場（開業時）。蒸気機関は製糸の工程で必要な湯をわかすことに使われ、動力は人力を使っていましたが、のちに蒸気機関に変わりました。

資料／国立国会図書館

端島炭鉱（現在は世界遺産になっています）。蒸気船の燃料として石炭が求められ、炭鉱の開発がすすめられました。その後、化学工業の発展で石炭産業は栄えました。しかし、1950年代後半からエネルギーが石油へと変わり、石炭産業はすい退しています。

写真提供／長崎市

1940（昭和15）年ごろの製糸工場。動力には電気が使われ、自動化がすすみました。

写真提供／片倉工業株式会社

コンバインによるイネかり。コンバインは、石油を使ってエンジンを動かし、かりとりと脱穀（イネわらから米つぶをとる作業）が同時に行えます。

ビニールハウスでのモモづくり。石油を使ったボイラーで保温することで、外の畑だと8月にとれるところを、写真（円内）のように、5月にはみのって、とることができます。

農林水産業を支える エネルギー

農林水産業：米や野菜、果物などをつくる農業、木材をあつかう林業、魚や貝などの海産物をとる水産業のこと。第一次産業ともいわれています。

農林水産業で使われているエネルギーは、石油にたよっています。なかでも農業では、機械化とビニールハウスなどによる施設での作物づくりがすすみ、石油がたくさん使われています。

エネルギーをたくさん使うと、経費がかさみ、経営にひびいてしまい、環境や資源の問題にも影響します。そのため、農業では、太陽光や地熱、バイオマス*を使った発電などの利用がすすめられ、漁業でも省エネに取り組んでいます。

*バイオマス：P.39参照。

伐採（木をきりたおすこと）や枝はらい、材木の移動ができる、石油を動力とした高性能林業機械（左）と機械がない時代の斧での伐採作業（上）。

漁船の機関室。石油を燃料としてエンジンを動かしています。

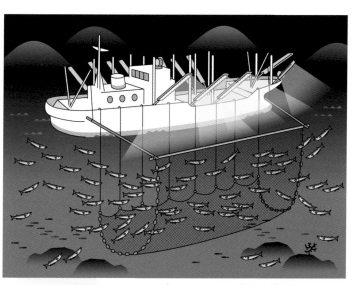

夜の海でライトを使って漁をするサンマ漁船。漁船では、石油を使ってエンジンを動かし、ライトの電力も発電します。ライトは省エネをはかれるうえ海水をかぶっても割れないことから、白熱電球からLED電球に変えられています。
イラスト提供／「漁業種類イラスト集」（農林水産省）

江戸時代のタイ漁。船は人力を使ってろをこいで動かし、網を手でたぐっています。　資料／「攝津名所圖會」（国立国会図書館）

農業に使われる昔と今のエネルギー

　農業の機械化は、1965（昭和40）年ごろから米づくりを中心に一気にすすみました。また、1951（昭和26）年に農業用塩化ビニルフィルムが開発され、施設栽培（ハウスなどの施設を使った栽培）が始まりました。こうして農業は、機械化、施設栽培の時代をむかえ、同時に石油の消費もふえていきました。機械化と施設栽培について、エネルギーとのかかわりをみていきます。

米づくりのエネルギー 昔 と 今

昔はウマで田んぼの代かき（水田の土をくだいて平らにする作業）をしていました（下）が、現在はトラクターが使われています（右）。ウマの力の馬力は、エネルギーの単位のもとになっています。
資料／「北齊漫画」

江戸時代の人手による田植え（左）と、田植え機による田植え（下）。田植え機には、軽油を燃料としたディーゼルエンジンが使われています。
資料／「農業全書」

手がり（左）とコンバイン（下）によるイネかり。コンバインなどの機械にはディーゼルエンジンが使われていますが、最近では省エネと、排出ガスをおさえた機種が出ています。
資料／「農業全書」

愛知県の渥美半島に広がるハウス

農研機構*の植物工場でのトマト栽培

ハウスや植物工場*の施設には、ガラスや塩化ビニルフィルムが使われています。ガラスや塩化ビニルフィルムは、断熱効果（熱をのがさないはたらき）が弱く、冷暖房が必要で、エネルギーの消費が大きくなります。また、塩化ビニルフィルムは化学工場でつくられた石油製品です。製品にも石油が使われているため、施設園芸に

は、多くの石油資源が消費されているのです。

　なお、植物工場はＩＣＴの技術などを使って、植物の生長に必要な光、温度、湿度、二酸化炭素などをコントロールしています。そのため、品質のそろった野菜を、計画的につくることができます。

＊植物工場：P.46、農研機構：P.46の用語解説で説明。

農業への
再生可能エネルギーの利用

畑の上につくられた太陽光発電

兵庫県宝塚市にある宝塚すみれ発電所第4号では、太陽光発電の下の畑が、市民農園に使われています。エネルギーの供給と農業を両立しているソーラー・シェアリングの取り組みとして注目されています。

写真提供／株式会社 宝塚すみれ発電

木質バイオマスボイラー

バイオマスは、自然のなかにある木材などの資源です。このボイラーは、木材を小さくくだいて燃やし、温水をつくって植物工場の暖房に使うためのものです。木材は、間伐材を使い、資源の有効活用と省エネがはかられています。

商業や病院、水族館はエネルギーで運営

　産業には、これまでみてきた工業や農林水産業のほかに、工業と農林水産業によってつくられた製品を仕入れて店で売る商業、病院などの医療産業、水族館、遊園地といった娯楽産業があり、電気やガス、石油を使うことで運営しています。

　店や病院、水族館、遊園地で使われているエネルギーの種類と役割をみていきます。

電気をたくさん使うスーパーマーケット

スーパーマーケットで使う設備には、電気がたくさん使われています（●印）。
また、そうざいをつくるためにガス（●印）も使われています。

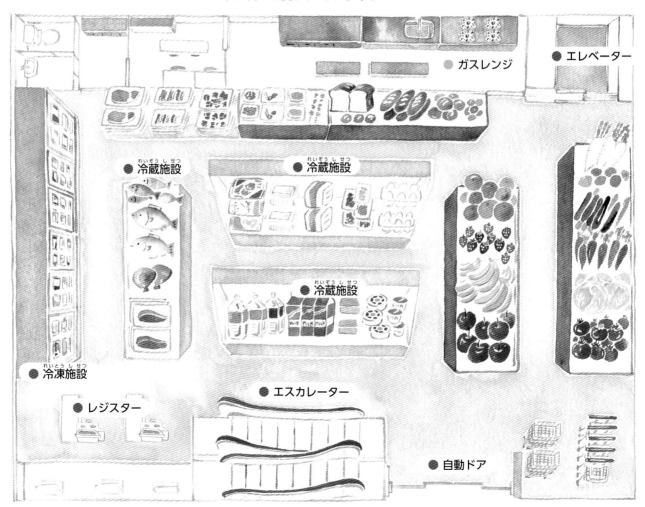

**水族館では、生物をかうために
エネルギーが使われています。**

水族館には川や海、湖の生物がたくさんいます。それぞれの生物には、生きやすい水温、水質があります。そのため、水温や水質を管理する設備があり、電気で動いています。また、鑑賞室の照明や空調にも電気が使われているため、水族館では電気がたくさん使われています。

写真提供／サンシャイン水族館

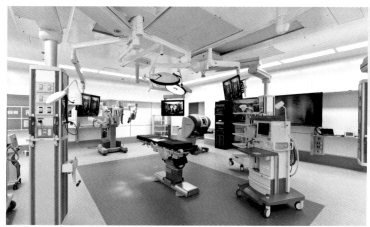

いのちを守るために
電力が欠かせない病院

病院では、レントゲンなどの医療機器が使われ、多くが電気で動きます。電気が人びとのいのちを守るために欠かせません。

病院の手術室。ここでは最新の医療機器が使われ、その多くが電気を利用しています。

写真提供／株式会社セントラルユニ

調べてみよう
いろんな施設のエネルギー

それぞれの地域には、いろいろな会社や学びの場、遊び場があり、エネルギーが使われています。調べてみましょう。

？ 会社で使われている
パソコンのエネルギーは？

？ 遊園地のジェットコースターは
どんなエネルギーを使って走るの？

エネルギー 今、考えること

エネルギーを使うことで、わたしたちは便利なくらしができています。しかし、エネルギーをたくさん使うほど、問題もおこります。

エネルギーを継続して使うために、考えなければならないことと、これからのエネルギーについてみていきます。

エネルギーの大量消費 → 今、考えること

❶ 経済性
(Economic Efficiency)
安い価格での利用

❷ 環境
(Environment)
環境を守る取り組み

❸ 安全保障
(Energy Security)
エネルギーの安定的な供給

安全性
(Safety)
安全なエネルギー

エネルギーの消費では❶経済性、❷環境、❸安全保障が重要で、そのため、安全性を保つ必要があります。国際連合の会議でも、SDGs*で取り組むべき活動としています。
*SDGs：P.2参照。

化石資源と再生可能エネルギー

化石資源を使ったエネルギー

化石資源の石炭や石油は、発電や化学製品をつくるために利用されています。なお、海外から輸入した石油は、備蓄して計画的に使われています。

写真提供／四国電力ホームページ

四国電力西条発電所。石炭にくわえて木質バイオマスも使用した火力発電所です。

ENEOS喜入基地。産油国から輸送された石油を備蓄しています。

写真提供／ENEOS喜入基地株式会社

エネルギー消費が人体と環境におよぼす影響

地球温暖化：化石資源の利用で排出される二酸化炭素などによって地球が温暖化し、気象や生物、海水などの環境に大きな影響が出ています。

大気汚染：工場や家庭、乗り物などから出る排出ガス*によって大気汚染がおこり、人間の健康や環境に影響をおよぼします。現在、技術開発や規制がすすめられています。
＊排出ガス：P.47の用語解説で説明。

森林破壊：森林は、化石資源を使うことで排出される二酸化炭素を吸収します。木材の使用や火災で森林が破壊されると二酸化炭素が吸収されなくなり、地球温暖化がすすみます。

水質汚染：工場からの排水、ごみ、船や海底油田からの油の流出などで海が汚れ、魚がすめなくなります。また、魚が汚染されることがあり、その魚を食べると人体にも悪い影響が出ます。

放射性物質汚染：2011（平成23）年の東京電力福島第一原子力発電所の事故によって大量の放射性物資が放出され、社会問題となりました。原子力発電の将来については、多くの議論が行われています。

エネルギーは燃焼することによって、排出ガスを放出します。また、エネルギーを使って化学製品をつくるときに液体や水が川や海に流れ出します。その結果、大気汚染（汚すこと）や温暖化、酸性雨*、海洋汚染など、さまざまな問題がおきています。また、原子力発電所の事故によって放射性物質汚染もおきています。
＊酸性雨：P.45の用語解説で説明。

再生可能エネルギーの利用

再生可能エネルギーには、水力、風力、太陽光、バイオマス、地熱などがあり、発電などに使われています。

風力発電所「三崎ウインドパーク」。風の力でプロペラを回して発電します。
写真提供／
四国電力ホームページ

九州電力八丁原発電所。地下から取り出した地熱を使って発電しています。
写真提供／九州電力

用語解説・さくいん

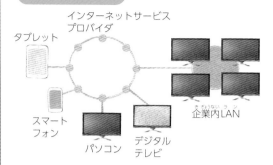
インターネット

インターネットサービスプロバイダ

タブレット

スマートフォン

パソコン

デジタルテレビ

企業内LAN

インターネットは、世界中のコンピュータやスマートフォンなどの情報機器を接続するしくみです。プロバイダ（インターネットに接続してくれる会社）や携帯電話会社と契約することで利用できます。

7 エネルギーをみんなにそしてクリーンに

SDGsの7番目の目標に「エネルギーをみんなにそしてクリーンに」とかかげられています。

エネルギー自給率の推移

自給率（％）

- 1960: 58.1%
- 1970: 15.3%
- 1973: 9.2%
- 1980: 12.6%
- 1990: 17.0%
- 2000: 20.2%
- 2010: 20.2%
- 2011: 11.2%
- 2012: 6.7%
- 2017: 9.5%

＊国内のエネルギー自給率は、1960（昭和35）年に58.1パーセントありましたが、現在では9.5パーセントになっています。なお、1973（昭和48）年は第一次石油ショックで産油国からの石油の輸出がとまった年で、2011（平成23）年は東北地方太平洋沖地震が発生した年です。いずれも自給率に影響をおよぼしています。

◖ さ行 ◗

資源リサイクルに出されたかんや新聞紙、びんなど。

1965（昭和40）年ごろの三重県四日市市。工場のけむりで大気が汚れて公害が発生しました。その後、市民、企業、行政が一体となり被害者の救済につとめ、産業の発展と安心してくらせる地域づくりの両立をめざした取り組みをすすめています。

写真撮影／澤井余志郎氏

農研機構の植物工場。植物の生長に必要な光、温度、湿度、二酸化炭素をコントロールできる施設です。植物工場の光は人工光のほか太陽光も使われます。

都市ガスのガスタンク。ガスホルダーともよばれ、ガス工場から送られてきた都市ガスを、消費量の少ない夜にタンクにため、家庭などで多く使われる日中に送り出す施設です。

排出ガス成分（化学式）	内　容	人体・環境におよぼす作用
硫黄酸化物（SO_x）	火力発電所や工場などのけむりから発生します。	高度経済成長期の大気汚染の主な原因の物質です。気管支炎やぜんそくの原因の一つです。
炭化水素（HC）	燃焼が不完全な炭素と水素が結びついた化合物（化学反応で生まれた物質）です。	光化学スモッグを引き起こし、人は眼のかゆみや呼吸困難がおき、植物はかれます。
窒素酸化物（NO_x）	石油製品を燃料にした乗り物から出て、光学オキシダント（Ox）の発生源となります。	オゾン層の破壊、温室効果、酸性雨、光化学スモッグなど環境に悪い作用をします。
粒子状物資（PM）	とても細かい粒子で、ディーゼルエンジンの燃焼などで発生します。	大気汚染を引き起こすなど、環境に悪い作用をします。発がん物資で、呼吸障害を起こします。
二酸化炭素（CO_2）	エンジンが燃焼したときに排出。地球温暖化の原因物質です。	大気中に多く排出されるとめまいや頭痛がおき、二酸化炭素中毒になります。

＊排出ガスには、このほかに一酸化炭素（CO）、光化学オキシダント（Ox）、微小粒子状物質（PM2.5）などがあり、人体と環境に影響をおよぼしています。

【参考資料】
『あこがれの家電時代』（河出書房新社）、『エコライフ＆スローライフを実現する愉しい非電化』（洋泉社）、『エネルギー絵事典（PHP研究所）、『エネルギー白書2019』（経済産業省）、『科学がひらくスマート農業・漁業（全4巻）』（大月書店）、『図解雑学　GPSのしくみ』（ナツメ社）、『生活家電入門 ―発展の歴史としくみ』（技報堂出版）、『懐かしくて新しい昭和レトロ家電』（山川出版社）、『にっぽん電化史』（日本電気協会新聞部）、『発明図鑑 世界をかえた100のひらめき！』（主婦の友社）、『もののしくみ大図鑑』（世界文化社）

写真提供／小泉光久（表紙，目次，P. 6, 11, 13, 15, 20, 21, 24, 32, 33, 36, 37, 38, 39）

◆ **監修：明日香壽川** （あすかじゅせん）

1959年生まれ。東北大学東北アジア研究センター教授（同大環境科学研究科教授兼務）。東京大学大学院工学系研究科先端学際工学専攻（学術博士）、東京大学大学院農学系研究科農芸化学専攻（農学修士）、INSEAD（経営学修士）。京都大学経済研究所客員助教授、（公財）地球環境戦略研究機関気候変動グループ・ディレクターなどを歴任。著書に『脱「原発・温暖化」の経済学』（中央経済社、2018年）、『クライメート・ジャスティス：温暖化と国際交渉の政治・経済・哲学』（日本評論社、2015年）、『地球温暖化：ほぼすべての質問に答えます！』（岩波書店、2009年）など。

◆ **編著：小泉光久** （こいずみみつひさ）

1947年生まれ。國學院大學経済学部卒業。農業・農村、少子高齢化をテーマに執筆、制作にたずさわる。主な著書『身近な魚のものがたり』（くもん出版）、『農業に奇跡を起こした人たち（全4巻）』（汐文社）、『お米が実った！ 津波被害から立ち上がった人びと』（汐文社）、『農業の発明発見物語（全4巻）』（大月書店、第18回学校図書館出版賞受賞）、『根っこのえほん（全5巻）』（大月書店、第19回学校図書館出版賞受賞）ほか。

編集協力：谷本明世（P.6-7, 22-23）、村井茶都（P.8-9, 16-17, 18-19）、竹内早希子（P.12-13, 26-27, 34-35）
制作・デザイン原案：小泉光久
デザイン・DTP：ニシ工芸株式会社（西山克之）
イラスト：寺坂安里
担当編集：門脇大

図解 未来を考える みんなのエネルギー
①身近なエネルギーをさがしてみよう

2020年12月 初版第一刷発行

監　　修　明日香壽川
編　　著　小泉光久
編集協力　谷本明世、村井茶都、竹内早希子
発 行 者　小安宏幸
発 行 所　株式会社 汐文社
　　　　　〒 102-0071 東京都千代田区富士見 1-6-1 富士見ビル 1F
　　　　　電話：03-6862-5200　ＦＡＸ：03-6862-5202
　　　　　https://www.choubunsha.com/
印　　刷　新星社西川印刷株式会社
製　　本　東京美術紙工協業組合
ISBN 978-4-8113-2779-2